兒童尺牘及禮儀書

新雅文化事業有限公司

www.sunya.com.hk

兒童尺牘及禮儀書

編　　寫：新雅編輯室
插　　圖：野人
故事撰寫：麥曉帆
責任編輯：劉慧燕
美術設計：李成宇
出　　版：新雅文化事業有限公司
　　　　　香港英皇道 499 號北角工業大廈 18 樓
　　　　　電話：(852) 2138 7998
　　　　　傳真：(852) 2597 4003
　　　　　網址：http://www.sunya.com.hk
　　　　　電郵：marketing@sunya.com.hk
發　　行：香港聯合書刊物流有限公司
　　　　　香港新界大埔汀麗路 36 號中華商務印刷大廈 3 字樓
　　　　　電話：(852) 2150 2100
　　　　　傳真：(852) 2407 3062
　　　　　電郵：info@suplogistics.com.hk
印　　刷：中華商務彩色印刷有限公司
　　　　　香港新界大埔汀麗路 36 號
版　　次：二〇一六年一月初版
　　　　　二〇一九年一月第二次印刷

ISBN: 978-962-08-6468-1

給爸爸媽媽的話

爸媽們，你們都知道什麼是「尺牘」嗎？尺牘是書信的古稱，它也是二十世紀七十年代以前香港小學必學的一門課。雖然現今通訊科技發達，已越來越少人使用書信了，但其實通過學習撰寫情理恰切、用語正確的書信，除了有助訓練語文能力外，還能讓孩子懂得重視人倫禮儀，懂得分尊卑，並建立起待人接物的良好態度。

讓孩子從小學習尺牘及禮儀對他們很有裨益，因此我們構思出版了《兒童尺牘及禮儀書》。本書由一個趣味的外星人故事帶出三個與尺牘及禮儀相關的學習重點：人物稱謂，不同場合的禮貌用語和禮儀，以及撰寫書信、卡片的格式和用語。為切合孩子的理解能力和學習需要，書中所教的都是簡明的書信寫法和生活禮儀，旨在讓小朋友建立基本的概念，從小培養傳統的美德，做個應對得體、待人接物有禮的好孩子。

目錄

人物的稱謂

- 認識家族親戚的稱謂
- 家族親戚稱謂表
- 對陌生人的稱呼

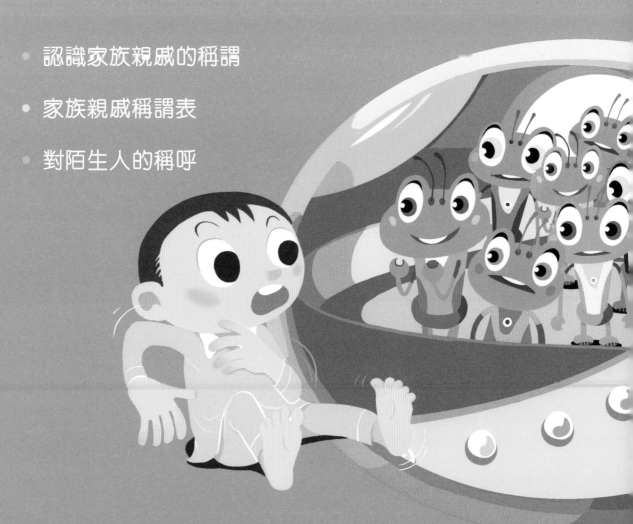

斌斌

斌斌今年六歲，活潑好動、勤奮好學，是個聰明的孩子。不過他有一個缺點，就是不太懂得禮貌！

「喂喂！借你的鉛筆給我用用！」斌斌這樣對他的同學說話，連個「請」字也不說。

「喂喂！快煮飯給我吃！」斌斌這樣對他的爸爸媽媽說話，連稱謂也不懂用。

「喂喂！我明天要請假，麻煩批准。」就連給班主任的請假信，斌斌也是這樣寫。

看來，斌斌是注定要沒禮貌一輩子了！

喂喂！借你的鉛筆給我用用！

喂喂！快煮飯給我吃！

喂喂！我明天要請假，麻煩批准。

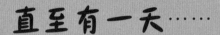

直至有一天……

　　今天斌斌剛睡醒，張開眼睛時，發現
自己竟然身處於一艘太空船裏。哎呀！
而且眼前還出現了一大羣外星人！

　　這羣外星人個子小小，一身青
蛙般的綠皮膚，眼睛像蘋果般大，
頭上還長着一對蝸牛般的觸角呢。
　　「啊！你們是誰？」斌斌嚇得
跳了起來。

一個外星人說話了：「你好，我們來自青蛙星，這次來地球是想和人類做朋友，而你就是被我們選中代表地球的大使了。」

　　斌斌聽了，感到又驚又喜，問道：「大使？那我豈不是很重要？」

　　「沒錯，」外星人說，「如果你有什麼吩咐，儘管告訴我們。」

　　斌斌說：「那太好了！喂喂，我肚子咕咕直響，快給我煮東西吃！」

於是外星人連忙為他煮了一頓香噴噴的早餐。

斌斌說：「喂喂，我很悶呢，快給我好玩的東西！」

於是外星人連忙為他找來了遊戲機和玩具。

斌斌說：「喂喂，我肩膀很酸痛，快給我按摩一下！」

於是外星人連忙為他捶背。

斌斌說：「喂喂……」

外星人們都覺得這位地球大使太沒禮貌了，不但連個「請」字也不說，稱呼別人還完全不用稱謂呢！不過念在他大使的身分，大家也沒有說什麼。

認識家族親戚的稱謂

祖父（爺爺）

祖母（嫲嫲）

哥哥

妹妹

我（斌斌）

爸爸

姐姐

弟弟

斌斌說話時總是說「喂喂」，不懂得正確地稱呼別人，真沒禮貌！其實人們的稱謂有很多，我們先來學學有關家人的稱謂吧！

外星人老師

小挑戰

下面的話是誰說的？請把代表答案的英文字母填在 ▢ 內。

A.
祖父 祖母

B.
姐姐

C.
爸爸

D.
弟弟

媽媽

斌斌的家人真多啊！

蛙蛙　青青

1 斌斌是我的弟弟。 ▢

2 斌斌是我的兒子。 ▢

3 斌斌是我的哥哥。 ▢

4 斌斌是我們的孫兒。 ▢

原來祖父和祖母在教斌斌對家人的稱謂呢！

伯父一家

伯娘

伯父

堂哥

堂妹

叔叔一家

嬸嬸

叔叔

堂姐

堂弟

小挑戰

請把正確答案圈起來。

1. 伯父是爸爸的（ 哥哥 / 弟弟 ）；叔叔是爸爸的（ 哥哥 / 弟弟 ）。

2. 伯父或叔叔的兒子年紀比我大的，我叫他（ 堂哥 / 堂弟 ）；伯父或叔叔的女兒年紀比我小的，我叫她（ 堂姐 / 堂妹 ）。

12

我也想看啊！

姑母一家

姑丈

姑母
（姑媽／姑姐）

表弟

表哥

表姐

表妹

姑母就是你爸爸的姐妹。

在口語稱謂中，我們習慣把爸爸的姐姐稱為姑媽，妹妹稱為姑姐。

這時，媽媽也拿出了一張大合照，向斌斌介紹要怎樣稱呼她的家人。

舅父

姨母
（姨媽／阿姨）

舅母

姨丈

表姐

表弟

表哥

外祖父
（公公）

外祖母
（婆婆）

表妹

我知道只要是媽媽的兄弟，不論是哥哥還是弟弟，我都稱呼他們為舅父。

對啊！另外，在口語稱謂中，我們習慣把媽媽的姐姐稱為姨媽，妹妹稱為阿姨。

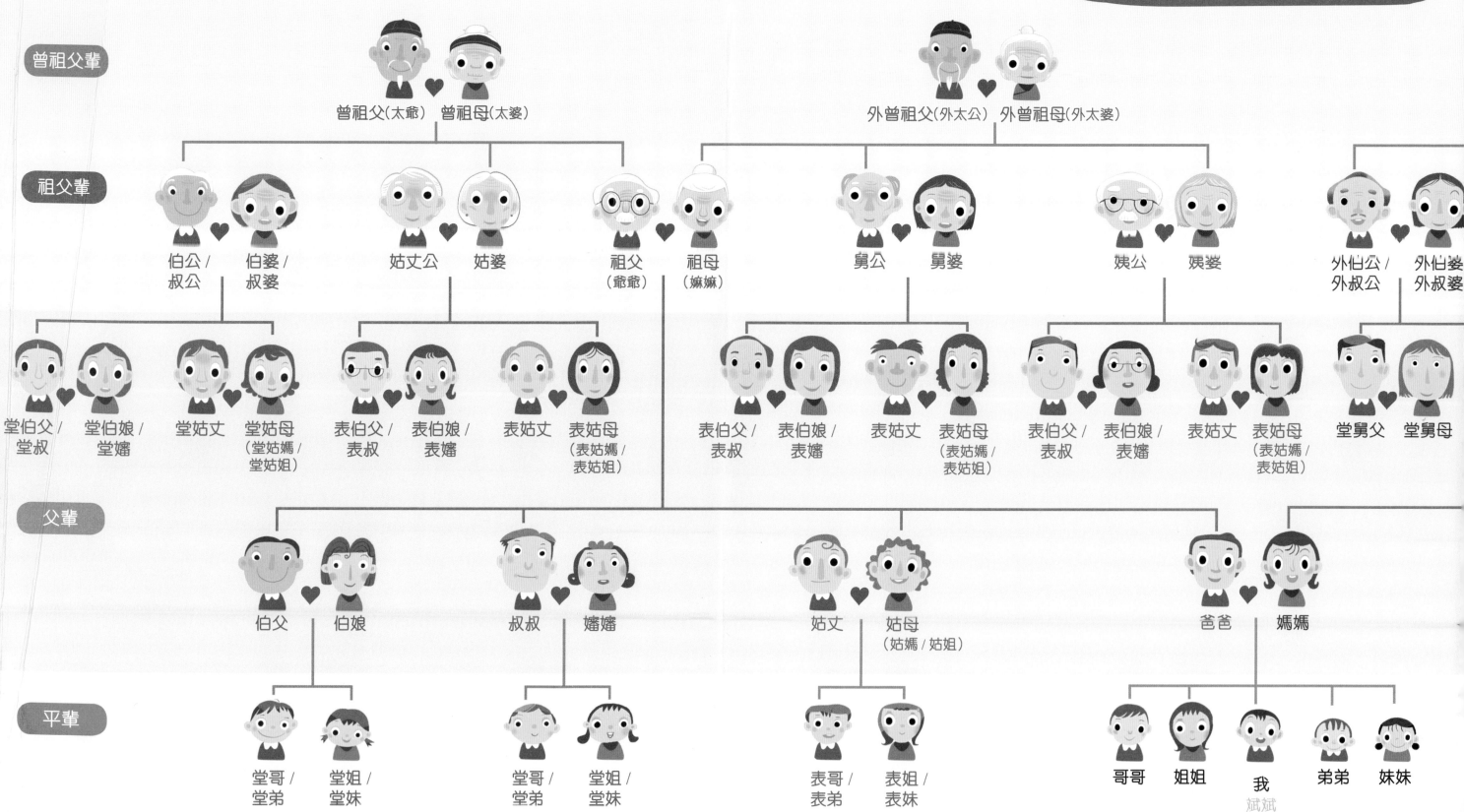

家族親戚稱謂表

小挑戰

學了這麼多稱謂，你們還記得嗎？
下面是四對有夫妻關係的人，請你
用線把他們一對對連在一起吧！

1.
祖父

伯娘

2.
舅母

姑丈

3.
伯父

祖母

4.
姑母

舅父

斌斌，我們想認識你整個家族，你可以向我們介紹嗎？

打開就可以看到啊！

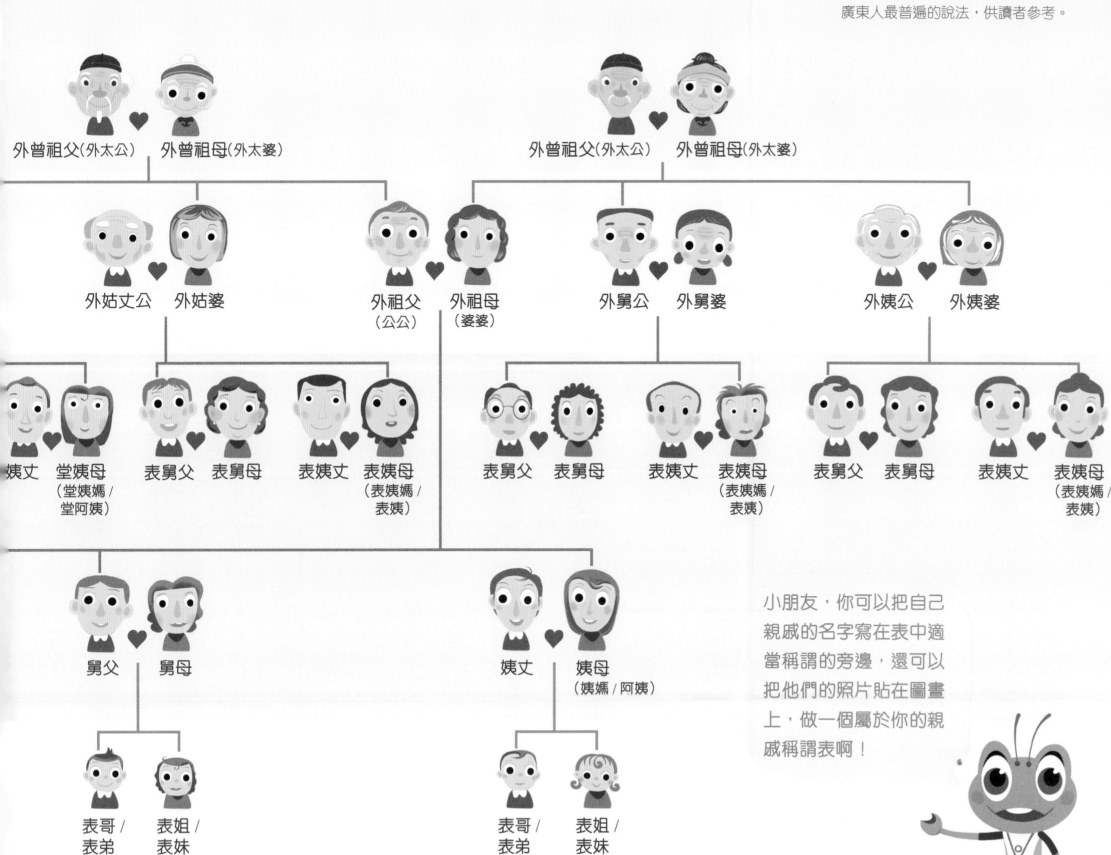

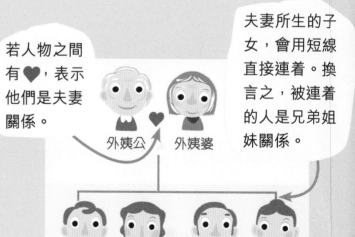

* 編按：不同地區對親戚的稱謂略有不同，其中不少說法皆為約定俗成，此表採用的是一般廣東人最普遍的說法，供讀者參考。

如何閱讀此稱謂表？

若人物之間有 ♥，表示他們是夫妻關係。

夫妻所生的子女，會用短線直接連着。換言之，被連着的人是兄弟姐妹關係。

綠色字表示父親家族的親戚；紫色字表示母親家族的親戚。

（ ）內的稱謂是廣東話中普遍的說法。

如何用此稱謂表查找親戚的稱謂？

1 先把自己代入斌斌的位置。

2 然後判斷想找的親戚是屬於父親還是母親那邊的。

3 再由上而下，以你知道的相關親戚來推看查找。

小朋友，你可以把自己親戚的名字寫在表中適當稱謂的旁邊，還可以把他們的照片貼在圖畫上，做一個屬於你的親戚稱謂表啊！

沒問題！我已經準備好了！

好耶！

對陌生人的稱呼

如果在日常生活中遇到沒有親屬關係的人，我們可以根據對方的職務、頭銜來稱呼他們，比如：

張校長

黃醫生

李主任

此外，若我們不知道他們的姓氏和身分，也可根據他們的性別和年紀選擇以下的稱呼。

男性	女性
先生	小姐 （成年未婚的女子）
哥哥	太太 （成年已婚的女子）
叔叔	姐姐
伯伯	姨姨
	婆婆

不同場合的
禮貌用語和禮儀

- 認識日常禮儀

- 認識日常禮貌用語

- 通電話的時候

- 接待客人的時候

- 到別人家作客的時候

- 認識祝賀語

- 認識慰問和道歉用語

待斌斌玩夠吃夠後，小外星人們便帶他四處參觀太空船的設施。

　　這艘太空船又大又先進！不但有控制室、日常生活區、食品培養區、科學研究區，就連每個外星人都有自己的私人房間。

　　斌斌看得歎為觀止、嘖嘖稱奇，得意忘形之下，連招呼也不打，就闖進別人的房間裏左看右看、東翻西翻。

　　外星人們看了一臉不滿，心想這地球大使真不成樣子！

斌斌來到科學研究區，沒得到外星人同意，就拿起桌子上的研究工具把玩起來，一不小心，摔碎了好幾個玻璃瓶。

斌斌沒道歉，反而說：「哎呀！你們的東西怎麼這麼不結實。」

外星人們聽了直搖頭，心想這地球大使真不成樣子！

斌斌來到食品培養區，一位外星人彬彬有禮地為他遞上水果。斌斌吃了兩口，便露出一臉不屑的表情來，說：「一點兒也不好吃。」還把吃剩的水果丟到一旁。

外星人們只能苦笑，心想這地球大使真不成樣子！

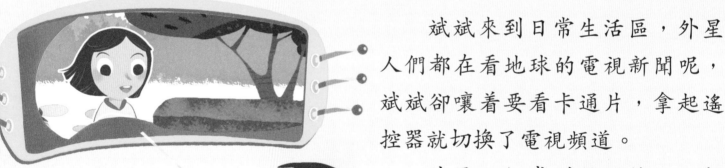

斌斌來到日常生活區，外星人們都在看地球的電視新聞呢，斌斌卻嚷着要看卡通片，拿起遙控器就切換了電視頻道。

外星人們感到很尷尬，心想這地球大使真不成樣子！

　　最後斌斌來到太空船控制室，外星人船長親自前來迎接，還特地向他介紹各種系統的運作方式。

　　斌斌看見這麼多讓人眼花繚亂的按鈕，一時貪玩，便胡亂地按起來，外星人船長想阻止他，卻來不及了，只見太空船一會兒向上飛，一會兒向下飛，一會兒急轉彎，讓大家都搖搖晃晃站不穩。

　　船長好不容易控制好太空船後，馬上把斌斌趕出了控制室。

　　就連外星人船長也忍不住說：「這地球大使真不成樣子！」

認識日常禮儀

斌斌在待人接物方面真沒禮貌，我的朋友都不喜歡他。

如果不想像他這樣，我們就要學好禮儀和禮貌用語啊！

進入別人的房間前我會先敲門，待對方同意後才進入。

看別人的東西之前，要先徵得別人的同意。

要用雙手和別人交接東西。

先給別人倒茶，再給自己倒。

不要隨便打斷別人說話。

認識日常禮貌用語

斌斌遇到一些不同的情景，他應該使用什麼禮貌用語呢？
請幫他把代表正確答案的英文字母填在 ◯ 內。

A. 不客氣。　　　B. 謝謝！　　　C. 不用了，謝謝你！

D. 你好！　　　E. 請……　　　F. 對不起！

當我不小心弄破別人的東西

當我婉拒別人的幫忙

當別人送我禮物或幫助我

當別人向我道謝

當我和別人碰面打招呼

當我向別人提出請求

通電話的時候

在不同的場合和環境，也會有不同的禮儀。請大家跟斌斌一起來看看青青和蛙蛙的示範，學習一下通電話的禮儀吧！

開始通話

- 當電話響起時，應該儘快拿起話筒回應。

- 致電者應先説出自己的名字，然後告知對方要找誰。

喂，你好！請問哪一位？

你好！我是蛙蛙，請問斌斌在嗎？

如果認出對方的聲音，可以這樣説。

你好！我是蛙蛙，你是青青嗎？

若要找的人不在時……

- 接聽的一方應主動請對方留言。

好，那就麻煩你了！

對不起，斌斌不在，請問你需要留言嗎？

這表示對方想留言，我們應迅速找紙筆，記下他的來電內容及聯絡方法。

不用麻煩你了，謝謝！

這意味着雙方可互道再見，結束談話。

結束通話

在一般情況下，雙方談話完畢，便可以互道「再見」，然後掛斷電話。不過，有時若在對話中得到了對方的幫助，我們還可以向對方表示一下謝意。

謝謝你的幫忙！再見！

別客氣！再見！

特殊情況

● 若有人向你要電話號碼……

你給我你爸爸的電話號碼吧……

若陌生人問你要親人的電話號碼，你千萬要小心處理，以免壞人有機可乘。較穩妥的做法是向對方這樣提議：「不好意思，我不知道爸爸的電話號碼，不如請你留下名字跟電話號碼，我想辦法請他儘快回覆你吧。」

● 若收到錯誤來電……

若覺得對方是打錯的，我們可以客氣地反問對方：「請問你打的是什麼號碼？」並可回覆對方說：「對不起，我不是這個號碼。」對方知道撥錯了，就會道歉，然後掛斷電話。記住千萬不要出口罵人啊！

接待客人的時候

外星人老師，有時候會有人來我家作客，比如在農曆新年時，親戚朋友會來拜年，或是平日同學們過來玩，我們應該怎樣接待客人呢？

客人來了

歡迎光臨！

當客人來到要微笑迎接。

和客人交談時要專心，並應及時作出反應。

聆聽對方說話時態度要認真、誠懇，面帶微笑。

招待客人

邀請客人坐下，並可送上飲料或點心招待客人。

不用擔心！你和青青試着聽我的指示來做吧！

樂於與客人分享食物和玩具，邀請他們一起吃和玩。

客人要走了

再見！

請慢走！

歡迎下次再來！

客人告辭時，要送客人到大門口，與對方道別，並可目送他們離開。

你們做得很好啊！

謝謝老師！

到別人家作客的時候

當我們作為客人，去別人家拜訪時，也有一些禮儀需要注意啊！看看下面小外星人青青做得對嗎？對的，請在 ◯ 內加 ✓；不對的，請加 ✗。

爺爺你好！

見面時，要用適當的稱謂打招呼

你家的盆栽怎麼都長成這樣，真醜啊！

對別人家裏的事物多作評論

在別人家忘我盡情地玩耍

大家吃飯！

待全部人入座後才開始用餐

謝謝阿姨的招待！

離開前幫忙善後，並向主人道謝

有些時候，比如節日或是第一次到訪別人家，我們還應該帶上禮物呢！

認識祝賀語

在中秋節、復活節、聖誕節等比較喜慶的節日，人們常會互相說一些吉利的話表示祝賀。他們一般都會說什麼呢？

中秋節快樂！

聖誕快樂！

復活節快樂！

這三個節日的祝賀語都比較簡單，但因為農曆新年對中國人而言，是一個特別重要的節日，所以祝賀語也特別多。學會以後，我們去拜年時就大派用場了！

農曆新年常用祝賀語	對象	祝賀語
	小孩	快高長大｜學業進步｜聰明伶俐
	一般成年人	心想事成｜大吉大利｜恭喜發財｜出入平安 年年有餘｜工作順利｜萬事勝意｜青春常駐（尤其用於女性）
	長者	身體健康｜健康長壽｜龍馬精神｜身壯力健

其他場合的祝賀語	場合	祝賀語
	生日	小　孩：快高長大｜學業進步｜聰明伶俐 成年人：事業有成｜青春常駐｜心想事成 長　者：身體健康｜健康長壽｜老如松柏｜福如東海，壽比南山
	婚慶	百年偕老｜比翼雙飛｜百年好合｜白頭到老｜永結同心 佳偶天成｜新婚之喜｜愛情永固｜天作之合
	畢業	鵬程萬里｜前程錦繡｜平步青雲｜前途無量
	考試成功	名列前茅｜金榜題名｜勤學有成
	得獎	百尺竿頭，更進一步

認識慰問和道歉用語

青青，你怎麼哭了？

蛙蛙欺負我……

在朋友遇到困難或感到難過的時候，我們應該給予安慰和關心。

不同情況的慰問用語	情況	慰問用語
	遇上災禍	多多保重
	遭遇挫折	失敗乃成功之母｜世上無難事，只怕有心人 有志者，事竟成｜天無絕人之路
	生病	早日康復
	丟失重要的物件 / 遇上自己後悔的事	塞翁失馬，焉知非福

什麼情況下應該向別人道歉？

當我們不小心説錯了話或做錯了事，令別人不開心，甚至為別人帶來麻煩，便應該道歉。有時候，如果我們未能準時赴約，也要及時通知對方和道歉。

常用的道歉用語	對不起｜請你原諒｜很抱歉｜不好意思 打擾了｜麻煩你了

青青，對不起呀！

書信、卡片
的格式和用語

- 如何寫簡單的書信？

- 如何寫不同的卡片？
  - ✉ 邀請卡
  - ✉ 慰問卡
  - ✉ 賀卡
    （生日卡、賀年卡）

　　雖然外星人們都不喜歡沒禮貌的
斌斌，但他畢竟也是代表了地球人，
大家都決定給他一個機會。

　　「親愛的地球大使，」外星人船
長說，「你已經對我們了解得差不多
了，請你寫一封信給我們的國王，以
表達我們星球之間的友誼吧！」

　　斌斌聽後便照做了，馬上寫了一
封信送了出去。

想不到沒多久，外星人船長便拿着一封回信，急急忙忙地跑到斌斌跟前。

　　「地球大使啊！你的信裏面都寫了什麼啊？」船長激動地問道。

　　原來，斌斌所寫的信，既沒有上款，又沒有祝頌語，而且通篇都是在抱怨和發牢騷，連一點基本的禮貌也沒有！

　　「但那又有什麼關係呢？」斌斌一點兒也不覺得自己有錯。

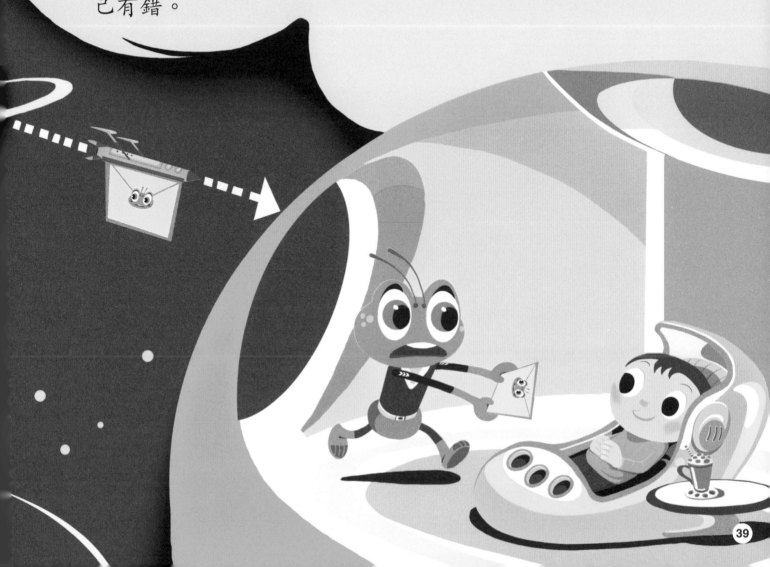

「關係可大啦……」外星人船長解釋道，「我們的國王是非常重視禮貌的。他看過這封信後，生氣得很！決定不再和人類做朋友，而且還要派飛船來攻打地球呢！」

斌斌聽後大驚失色：「什麼？千萬不要啊！」

「國王的決定是很難改變的，」船長說，「只能怪你這個地球大使太沒禮貌了。」

直到現在，斌斌才意識到自己的錯誤，他感到後悔莫及……

神通廣大的外星人老師，取得了斌斌寫給國王的信，
大家一起來看看他哪裏寫得不對吧！

　　　　我是斌斌。我之前參觀過你們的太空船
後，對你們的星球已經非常了解。不過在
太空船上只有我一個地球人，又沒什麼好
玩，把我悶得發瘋！而且你們的食物真的
很難吃，我一點也不想再留在這裏，你快
快放我回家吧！

　　　　　　　　　　　　　　　　　斌斌

斌斌，你寫給國王的信
真是太沒禮貌了，難怪
國王會這樣憤怒。

老師，究竟要怎樣寫
信才算有禮貌啊？

如何寫簡單的書信？

寫信要寫得有禮貌，我們便應該按照正確的格式來寫。一起來看看寫信時需要包括些什麼吧！

書信的基本格式

上款 收信人的稱謂，名字之前可選擇加上修飾語，之後可加上身分。

1 你寫信給誰？

啟首語 表示簡單的問候或思念。

2 你想告訴收信人什麼事？

正文 信的主要內容。
- 寫信時語氣要切合收信人的身分。對長輩語氣要恭敬些；對平輩語氣可比較輕鬆。
- 如正文的內容較長，可分段。

收結語 以切合雙方生活或關係的話語作收結，可表示期待收到對方回覆等。

3 你想給收信人什麼祝福？

祝頌語

4 你是誰？

下款 包括自稱和署名，署名後可加啟告語，如「敬啟」等。

日期 可寫年、月、日，或只寫月、日。

5 你寫信的日期是什麼？

寫信時問問自己上面五個問題，就可以一步一步把信完成。

不如你們分別試試寫封信給長輩和平輩吧。

好呀！我跟嫲嫲好久不見了，我來寫封信給嫲嫲問問好吧！

給長輩的信

啟首語：表示掛念之情。

上款：稱謂前加上適當的修飾語更顯尊重。

正文：交代即將遊學，並希望前去探望嫲嫲他們。

親愛的嫲嫲：

您好嗎？好久不見了，十分掛念！

自從您和叔叔一家移居到地球，我們便很少機會見面了。不過我下月會跟隨學校到地球遊學，到時候一定會去探望你們。你們要多多保重啊！期待您的回信。

收結語：可另起新段，或緊接正文寫。

祝

身體健康

自稱：自稱多以較小的字體表示。

孫兒

蛙蛙敬上

二月一日

署名：名字後加上了啟告語，以示尊敬。

祝頌語：向嫲嫲致以恰切的祝福。

信中所用的「您」字帶有敬意，常用於長輩。因「您」已有你們之意，故不能寫作「您們」。

日期：日期也可寫成2月1日。

給平輩的信

斌斌開罪了國王，心情一定很難過，我來寫封信安慰一下他吧！

斌斌：

　　你好嗎？

　　知道近日發生開罪國王的事，你一定非常擔心和難過。所謂「經一事，長一智」，我相信你從中已經學到了寶貴的一課，明白到禮貌的重要。

　　讓我們一起想想辦法，看看可以如何補救這個過失吧！

　　祝
心想事成

　　　　　　　　　　　　好友
　　　　　　　　　　　　青青上
　　　　　　　　　　　　二月一日

你可以參看本書第 43 頁的做法，用不同顏色的筆，標示出信中的不同部分。

如何寫不同的卡片？

我們有時候還會寫一些卡片給親友，比如邀請卡、慰問卡和不同的賀卡。它們都各有一些簡單的格式和要求，我們一起來學一學吧！

邀請卡

我發現邀請卡不用在正文之前寫啟首的問候語啊！

上款

斌斌表哥：

　　下月是我的生日，媽媽會替我在家裏辦生日會慶祝，讓我和朋友可以聚在一起玩耍。希望你能來參加！

正文：必須清楚說明邀約的目的、時間、地點等資料。

日期：三月五日

時間：下午二時至五時

地點：我家

自稱

表弟

署名及啟告語 ━ ➤ 嘉嘉上

日期 ━ ➤ 二月三日

對啊！連文末的收結語和祝頌語也不用寫呢！

慰問卡

正文：主要表達慰問和關心，多以祝福對方「早日康復」收結。

凱文同學：

　　從老師口中得知你的腳受傷了，要在家休養兩個星期才能上學。班裏的同學都很關心你的傷勢，你要多休息，快點復原，很快就可以回來和我們一起上課學習了。希望你能早日康復！

下款：對平輩可省略署名後的啟告語。

你的同學
蛙蛙

11 月 16 日

Get well soon!

慰問卡和邀請卡的格式看起來很相似啊！

是啊！只是正文部分不用如邀請卡般說明活動的時間、地點等資料，而應表達出對收信人的慰問和關心！

你們說得對！

賀卡

賀卡是用來送贈他人，以表達恭賀的卡片。在節日和親友等相熟的人生日時，我們都可以寫賀卡向對方表心意。

生日卡

正文：主要向收信人表達祝賀。

張老師：

　　今年是第二年由您擔任我的中文老師，謝謝您的耐心教導，使我的語文能力進步了不少。

　　聽說您的生日快到了，在此我祝福您生日快樂，身體健康！

學生
斌斌敬上

10月3日

賀年卡

雯雯表妹：

　　新的一年快到了，表姐祝你心想事成，學業猛進！

表姐
青青上

1月20日

47

我們在寫信和卡片給不同輩分的人時，除了語氣要恰當外，也要選用適當的上款修飾語和下款啟告語。不過，時至今日，我們在寫信給平輩時，修飾語和啟告語很多時也會被省略。

	對長輩	對平輩
上款修飾語	親愛的｜尊敬的｜敬愛的	親愛的
下款啟告語	敬上｜敬啟｜上	上｜啟

至於書信所用的祝頌語，基本上和我們之前學過的日常生活中常用的祝賀語相同，大家可以重溫本書第 35 頁啊！

老師，現在我們很多時候都會利用電郵和電話訊息來跟別人聯絡啊！

對呀！雖然寫電郵和電話訊息沒有嚴格的格式，但大家也要注意禮貌啊！

既然我們現在已經學到了這麼多寫信和卡片的格式和用語，不如大家來幫斌斌寫一封道歉信給青蛙星國王，請求他的原諒吧！

青蛙星國王看過斌斌的道歉信後，深受感動，於是原諒了他，並決定收回成命。

知道外星人不會來攻打地球後，斌斌總算放下了心來。他終於明白為什麼禮貌在日常生活中是這麼重要了！

自此之後，地球人和外星人便建立起深厚的友誼，彼此互相尊重和信任。

而至於斌斌呢，現在終於改正了他沒禮貌的缺點，與人說話都彬彬有禮起來，並以地球大使的身分，向大家宣傳禮貌的重要性。

答案

P.11 小挑戰
1. B 2. C 3. D 4. A

P.12 小挑戰
1. 哥哥；弟弟 2. 堂哥；堂妹

P.15
1. 祖母 2. 舅父 3. 伯娘 4. 姑丈

P.29
1. F 2. C 3. B 4. A 5. D 6. E

P.34
1. ✓ 2. ✗ 3. ✗ 4. ✓ 5. ✓

P.49 答案僅供參考

> 尊敬的青蛙星國王：
>
> 　　您好！感謝您和青蛙星人們對我的熱情招待，能夠被選中擔任地球大使，我感到非常榮幸。
>
> 　　對不起，我之前寫了一封不禮貌的信給您，而且對其他青蛙星朋友又不太友善，經過外星人老師的提點和教導後，我深深明白自己做錯了。
>
> 　　從今以後，我會改過自新，做個有禮貌的人。衷心希望能得到您的原諒！
>
> 　　祝
>
> 國泰民安
>
> 　　　　　　　　　　　　　　　地球人
>
> 　　　　　　　　　　　　　　　斌斌敬上
>
> 　　　　　　　　　　　　　　　二月一日

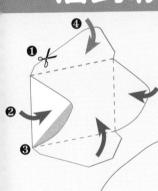

信封紙樣

信封製作步驟：

❶ 先沿實線剪出信封紙樣。

❷ 如左圖所示，跟着藍色虛線把左右和下方的三角形向內摺。

❸ 在重疊的地方塗上膠水，把三角形黏在一起。

❹ 最後跟着綠色虛線把上方的三角形向內摺，信封便完成了！

小朋友，你可以影印這頁，或把白紙放在這頁上面，描畫出信封紙樣，便可以製作更多信封啊！

恭賀新禧

福

生日快樂

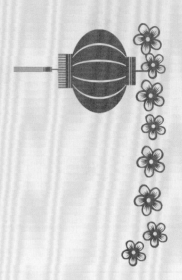

恭賀新禧！

生日快樂！

HAPPY BIRTHDAY

Get well soon!

早日康復！